小学生心理健康养成记

拥有好情绪

聂振伟　王欢欢　著

中国农业出版社

北　京

图书在版编目（CIP）数据

拥有好情绪/聂振伟，王欢欢著．—北京：中国农业出版社，2022.4

（小学生心理健康养成记）

ISBN 978-7-109-29284-0

Ⅰ.①拥…　Ⅱ.①聂…②王…　Ⅲ.①情绪-自我控制-少儿读物　Ⅳ.①B842.6-49

中国版本图书馆CIP数据核字（2022）第055855号

YONGYOU HAOQINGXU

中国农业出版社出版

地址：北京市朝阳区麦子店街18号楼

邮编：100125

策划编辑：宁雪莲

责任编辑：全　聪　　文字编辑：屈　娟

版式设计：马淑玲　　责任校对：吴丽婷　　责任印制：王　宏

印刷：北京汇瑞嘉合文化发展有限公司

版次：2022年4月第1版

印次：2022年4月北京第1次印刷

发行：新华书店北京发行所

开本：700mm×1000mm　1/16

印张：9

字数：180千字

定价：39.80元

序言

　　小读者朋友，当你的目光被这套书精美的封面以及书中图文并茂的故事内容吸引，当你的手翻开这套书的时候，恭喜你长大了！

　　我们从小就渴望长大，长大就可以自己决定买心仪的玩具或文具，长大就可以自己决定学习的内容和学习的时间安排……

　　可是，长大也会有烦恼！

　　在我国第一条中小学生心理帮助热线中，我倾听过青少年朋友许许多多关于"长大烦恼"的求助电话，如学习竞争的压力、师生间的教学矛盾、学生小领袖的"夹板气"、与父母亲子关系的隔膜、思考自己为什么而活着的"小大人"的苦恼、被医生诊断抑郁后的焦虑、离家出走前的呼救……很多成长中的问题迫切需要知心朋友的指导、帮助。

　　这正是我写此书的初衷：在我有生之年，为正在成长的小朋友们多做一点事情。用我40多年掌握的教育学、心理学知识，30多年做热线志愿者的热情，以及自己心理咨询、督导的经历，培训全国大中小学教师及家长的经验，为学生和家长朋友们解决一点小烦恼。

　　阅读心理学书籍，能够提供让我们静下心来看世界、深入了解自己的机会。你慢慢地会发现，每个人的性格不同，学习潜力存有差异。怎样做更好的自己，与他人愉快地交流和相处，才是我们生活幸福的源泉，是我们的生命意义！

调整和发展自己的潜能，就是学习，就是生活，需要一生的努力！"小学生心理健康养成记"这套书将会从学习、情绪、交朋友、意志力和生命这几个角度出发，带领你体会和思考如何学习和生活，带给你更多发现自己的新视角。

家长朋友，在升学辅导资料充斥图书市场和家庭书架的今天，你能带着不满足于学校所教授孩子的知识、渴望陪伴孩子健康成长的愿望，发现这套适合您与孩子一起阅读、一起成长的书籍，我由衷地为您和孩子高兴。

心理健康的终极目标是协助儿童、青少年了解自己、保护自己、理解生命，进而捍卫生命的尊严，激发生命的潜能，提升生命的质量，实现生命的价值。从这个意义上说，心理健康是培养健全人格不可或缺的，是与学科知识并驾齐驱的。它们如同战车的几匹马，都是人生健康成长的动力！

在青少年帮助热线中，不少家长朋友倾诉诸多生活中的育儿难事，我在倾听中了解到朋友们渴望提升与孩子沟通的技能。因此，这套书在主动引领孩子提高应对问题的能力的同时，也努力为家长朋友提供亲子交流的契机。

教育发展的历史告诉我们：身教重于言教！陪伴孩子学习，一起阅读，一起思考，用生命陪伴的历程写就属于您与孩子的故事，使孩子的智慧无限延展，进而成为孩子终身受益的宝贵财富。同时，帮助您在繁忙的工作之余，静下心来看世界，深入了解自己，觉察我们与孩子的关系、与他人的关系。

祝愿家长与孩子一起阅读，一起"共事"，一起分享感受，一起快乐成长！

你们的朋友

北京师范大学心理咨询中心　聂振伟

2022.2.19

目 录 CONTENTS

第一章

情绪、情绪，
你是谁

亲爱的朋友，你好！

欢迎你走进情绪的多彩世界。

情绪就像我们生命中的彩虹，五颜六色。

考试考好了很开心，被好朋友冷落了会伤

心，遇到重大事件会紧张，被别人说坏话很生

气……这些奇妙的情绪都是怎么产生的？它们

有什么作用呢？我们要怎样与它们和谐相处，

让生活变得多姿多彩呢？让我们一起畅游

情绪王国，领略情绪王国的魅力！请

你带着好奇，开启愉快的探

索之旅吧！

1 情绪王国历险记

今天是晓峰的生日，他收到了自然博物馆的邀请函和荣誉徽章，还被邀请去讲解他画的环保作品。哇！这个生日礼物可太棒了！晓峰兴奋地在客厅跳了起来，还迫不及待地拿起电话告诉好朋友晓静。就连睡觉他都把荣誉徽章放在床头。晚上，晓峰做了一个神奇的梦。他梦见自己参观了情绪王国，带领他的导游是名叫乐乐的情绪精灵。

嗨，你好！我是乐乐，这是我们情绪王国的全家福，它们的名字是快乐、伤心、厌恶、恐惧、愤怒、嫉妒……

骄傲

惊讶

厌恶

都是你的错

愤怒家族

快乐家族

　　我听爷爷说，情绪王国最开始有快乐、愤怒、伤心、恐惧四位祖先。不过，随着时间的推移，情绪王国分成了喜、怒、哀、惧四大家族。除了四大家族之外，情绪王国还有很多小家族，比如厌恶家族、惊讶家族等。瞧，那片茂密的丛林就是快乐家族的家！

平静

恐惧家族

伤心家族

嫉妒

时光穿梭机

其实，每个人的内心都有一个神奇的情绪王国。每个情绪王国里都有各种各样的情绪精灵，它们都是你的好朋友。每当情绪发生的时候，你就会喂养这些小精灵。

你还记得自己喜欢的球队赢得胜利时的开心吗？那就是在为你的快乐精灵输送营养。当你的小宠物生病了，你感到伤心、难过，这时你就在喂养你的伤心精灵。你看到好朋友被老师表扬，有点嫉妒他，这就是在喂养你的嫉妒精灵。当你看到有人随地吐痰、乱扔垃圾，感到很生气时，你就是在喂养你的愤怒精灵……

你经常处于哪种情绪状态，哪一个小精灵就会经常得到喂养。哪种情绪越强烈，这种情绪精灵就会长得越大。

现在，请你回忆一下刚过去的一周，你的情绪精灵是怎样的？给你印象最深刻的情绪事件是什么呢？

在新的一周中，你可以试着完成下面这个情绪曲线图，重新感受自己的情绪特点。

横轴代表时间，对应星期几。纵轴代表情绪的强烈程度，以中间的横线为基准，越往上代表好心情越强烈，越往下代表坏心情越强烈。请你标出自己的情绪发生时所对应的时间和程度，并在每一个情绪点上，简单写出原因。建议你每天记录一个印象最深刻的情绪事件，一周之后把这些情绪点连起来。

晓峰的情绪曲线图

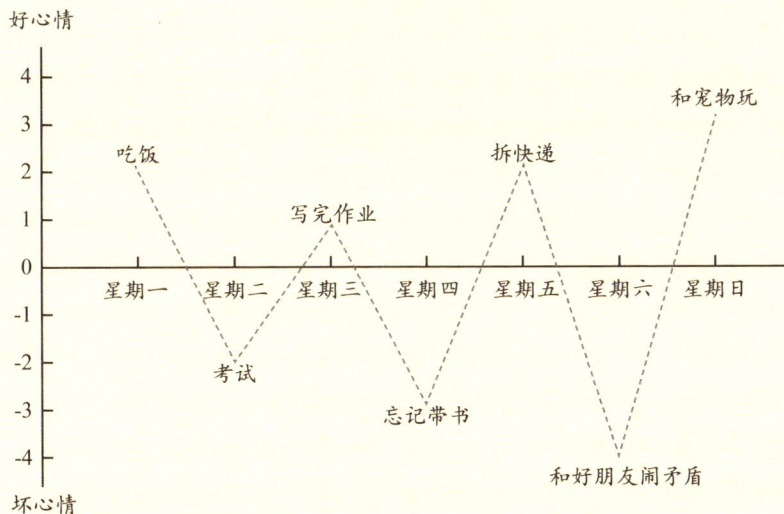

好心情

| | 星期一 | 星期二 | 星期三 | 星期四 | 星期五 | 星期六 | 星期日 |

吃饭 (星期一, 2)
考试 (星期二, -2)
写完作业 (星期三, 1)
忘记带书 (星期四, -3)
拆快递 (星期五, 2)
和好朋友闹矛盾 (星期六, -4)
和宠物玩 (星期日, 3)

4
3
2
1
0
-1
-2
-3
-4

坏心情

🌀 |能量补给站|

心理学家认为，人类最基本的情绪包括喜、怒、哀、惧四种，它们是情绪王国的四大家族。除此之外，还有一些更为复杂的情绪，比如后悔、羞愧、焦虑等。

情绪小词典

和快乐有关的情绪：

高兴、甜美、开心、快乐、快活、愉快、庆幸、满足、愉悦、感动、甜蜜、满意、欢喜、激动、惊喜、喜滋滋、乐陶陶、心花怒放、心旷神怡、喜出望外、兴高采烈

和愤怒有关的情绪：

不满、气愤、愤怒、恼火、愤慨、震怒、暴怒、恼怒、焦躁、烦躁

和伤心有关的情绪：

忧郁、忧愁、低落、伤心、难过、心酸、苦闷、哀伤、痛心、沉痛、沮丧、伤感

和恐惧有关的情绪：

胆怯、恐惧、担心、紧张、焦急、焦虑、发怵、恐怖、惊吓、胆战心惊、心有余悸、心慌意乱

情绪小词典

和厌恶有关的情绪：

厌烦、讨厌、敌视、敌意、嫉妒、反感、可恨、憎恨、怨恨、仇恨、可恶

和难为情有关的情绪：

丢脸、羞愧、害羞、羞耻、尴尬、狼狈、难堪、无措、内疚、懊悔、亏心、懊恼

和平静有关的情绪：

安宁、安心、安详、淡然、放心、冷静、淡漠、宁静、轻松、踏实、坦然、镇定

你还知道其他情绪吗？可以写在下面空格里！

_____

_____

_____

自我成长屋

在过去的生活中，你都体验过哪些情绪呢？现在，请你轻轻闭上眼睛，静静地想一想，然后完成下面的小练习。

这里有一朵情绪之花。首先，请你把自己此时的情绪用铅笔自由地标注在花瓣上，填不满就空着。然后用彩笔为你的花瓣涂上你对这种情绪所理解的颜色，一边涂，一边感受，随心所欲地涂抹每一片花瓣……想不起来、写不完都没关系，你随时可以再补充进来。情绪都是你现在所感受到的，你只需要接受它们会发生在你的生活中。

你如果在完成这个小练习的过程中，不知道该怎么表达自己的情绪，可以看看前面的情绪小词典，或者问问你的爸爸妈妈，这也许可以帮到你！

这是一朵留给你的情绪之花，你愿意把哪一种情绪放在中间，大一些；哪一种放在边上，小一些呢？如果你愿意的话，这朵理想的情绪之花可以先留着，等看完这本书的时候，你再来完成。

我的情绪之花

情绪王国丰富多彩，各种各样的情绪就像我们生活的晴雨表，展现我们的内心世界。多彩的情绪又为我们的生活赋予了斑斓的色彩，让我们的生活更加丰富，让我们的生命更加多彩！

2 情绪阵营对对碰

最近晓峰总觉得心里怪怪的，说不出来哪里不对劲儿。他总觉得自己的情绪不太稳定，刚刚还挺开心的，不一会儿就紧张起来。晚上睡觉的时候，他梦见自己去了一个熟悉的地方——情绪王国。对，你们之前听说过的。最近这里可不像之前那么平静，一场"情绪大战"正在上演。

晓峰伤心地哭了起来，哭声越来越大，突然之间，所有的争吵都停了下来。晓峰从睡梦中惊醒了。

他回想起以往自己对待不同情绪的态度。

晓峰有点惊讶，原来自己对有些情绪很好，对另一些情绪却很厌恶。晓峰看到那些被自己忽视、拒绝的情绪精灵，隐隐约约感觉有点后悔、自责，总觉得应该想个办法让那些小精灵都舒服点才好！可是他真的不喜欢其中一些情绪精灵，他该怎么做呢？晓峰对这个问题有点困惑。

能量补给站

　　情绪是人们的需要是否得到满足的晴雨表。每个人都有很多需要，比如有吃饱、穿暖、舒适、安全等生理需要，还有被爱、被尊重、被理解、有价值等心理需要。当需要得到满足，人们就会产生积极情绪，感觉开心、满足等；否则，就会产生消极情绪，感到失落、气愤等。

　　比如，你发现好朋友没叫你出去玩，觉得大家都不在乎你，这时你可能会很生气、愤怒。后来你发现，你的朋友是为了给你准备生日的惊喜，这时你可能深受感动，同时觉得自己误会了朋友。

不过，在日常生活中，人们经常被情绪的外表所迷惑，"以貌取人"。积极情绪（像快乐、好奇、希望等）通常让人们感觉很轻松、愉快，因此会受到大家的喜爱。消极情绪（像愤怒、恐惧、伤心、内疚等）让人们感觉很低落、不舒服，还经常给人们带来一些麻烦，比如生气的时候会做出一些冲动的事情，上课紧张可能让自己忘记想说什么，因此，大家都不太喜欢这些消极情绪。

你是不是和晓峰一样，对不同的情绪精灵态度很不一样呢？

无论是积极情绪还是消极情绪，它们的产生都有一定的道理。当你能更好地了解自己的情绪时，你就能更好地了解自己，也可以调整自己以更好的心态面对不同的情况。

晓峰明白了，
每种情绪精灵都是自己的好朋友，
他决定以后多听听它们的心里话，
让情绪精灵们和睦相处，
更好地帮助自己。

|自我成长屋|

　　人有悲欢离合，月有阴晴圆缺。我们的情绪就像天气一样，是丰富多彩、充满变化的，这是自然规律。下面这个小游戏，是让我们用身体的动作来做一个情绪天气预报。它可以让你快速体验不同的情绪，了解自己的情绪状态。

情绪天气预报

　　游戏规则：一个人发出指令，其他人快速做出相应动作。游戏过程中，出错的人成为下一个发出指令者。请你邀请家人或朋友一起玩哦！指令和动作如下。

　　快乐：双手举过头顶，像太阳一样。

　　兴奋：鼓掌。

　　伤心：双手捂脸，像乌云遮住眼睛。

　　恐惧：双手交叉拥抱自己，表示安慰。

　　愤怒：双脚踩地，像打雷一样。

　　（你也可以发挥想象力，创造出更多的指令和动作！）

在玩这个游戏的时候，你感觉怎么样？我猜，你可能会感到开心、激动，也可能会感到紧张、担心等。请你把下面的圆变成可以代替你情绪的形象。如果你的情绪是积极的，情绪形象就可能是大大的笑脸、太阳等；如果你的情绪是消极的，它可能变成乌云、炸弹等。你也可以创造一个属于自己的独特的情绪形象！

第二章

识别
情绪信号灯

我们走在马路上都会去看交通信号灯。通过信号灯，我们知道什么时候可以走，什么时候需要停下来，这样就能安全行走。其实，我们的情绪精灵出现时，身体也会发出信号。你是否留意过自己的情绪信号呢？哪些信号告诉你情绪精灵要来了？又是哪些信号告诉你，来的是哪个情绪精灵呢？

1 情绪产生我知道

　　积极情绪让我们精力充沛，乐于交往；消极情绪能够保护我们免受外界的威胁。在生活中，人们最苦恼、最好奇的是那些消极情绪。究竟消极情绪是怎么产生的？又是怎么影响到人们生活的呢？

宝宝有情绪！

🌀 |能量补给站|

每个人的身体都是一台精妙的机器，里面有一个安全系统，保护我们免受伤害和外界的威胁。消极情绪产生和消失的过程，其实就是这个安全系统工作的过程。

这个过程包括四个阶段：觉察危险、拉响警报、理性评估、解除警报。

这四个阶段，其实都是在我们大脑里"杏仁核"这个结构的协助下完成的。"杏仁核"就像一个看家小狗，负责觉察危险。小孩子的"看家小狗"非常灵敏！稍有风吹草动，它就会赶紧通知情绪精灵。情绪精灵接到报警，感受到主人可能遇到危险的时候，就会立刻出现，拉响警报，这时候小孩子就产生了紧张、害怕、焦虑等消极情绪。几乎同时，身体也会发生各种变化，比如呼吸急促、心跳加快，毛发竖立、浑身颤抖、手心出汗，想上厕所等。

这些身体的反应都是身体本能的自我保护。人类的祖先——原始人身上的毛发很长、很浓密。当遇到野兽的威胁，他们感到紧张、害怕时，毛发竖立能让他们看起来大了一圈，这可以震慑野兽；呼吸急促、心跳

觉察危险

拉响警报——有大狗，危险

宠物狗拴着狗绳，一般不咬人。

理性评估

我安全了，没事了。

解除警报

加快，四肢很有力量，让他们可以勇敢战斗或者快速逃离现场。这些身体的反应对人类的生存起到了重要作用，因此一直保留了下来。

另外，人的大脑里有一个叫"前额叶"的零件，它就在我们额头的内部，主要负责理性评估。它就像一个智多星，帮助安抚情绪精灵。前额叶反应比较慢，它需要花点时间来评估到底有没有危险，再反馈给杏仁核小狗。如果评估的结果是没有危险，杏仁核小狗和情绪精灵得到反馈，就会自动安静下来；否则，杏仁核小狗就会一直叫个不停，情绪也不稳定，智多星就会想办法来安抚他们。

但是，小孩子的前额叶还在发育过程中，有时候可能会管不好自己的杏仁核小狗和情绪，这也很正常。据说，经常锻炼可以帮助这个智多星更好地发育！

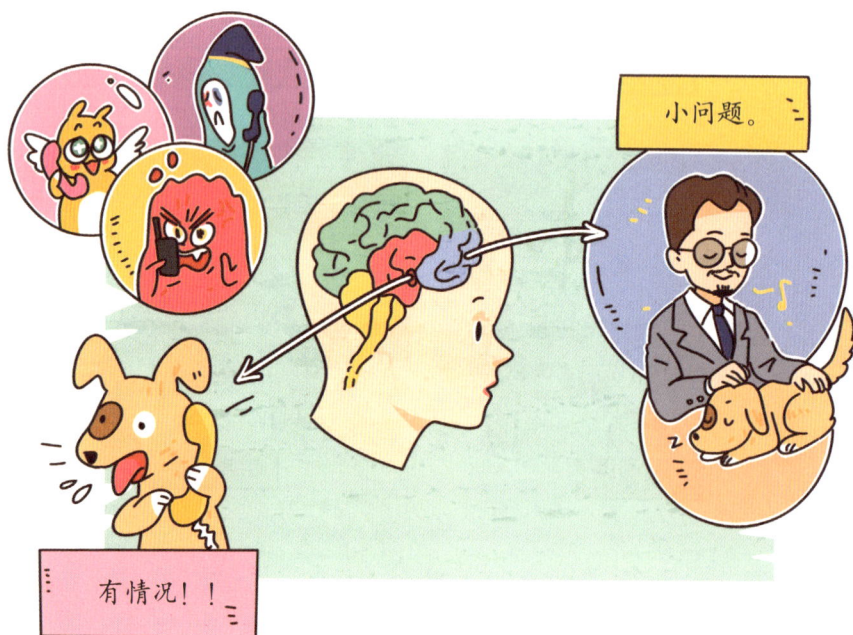

有情况！！

小问题。

自我成长屋

了解了消极情绪产生和消失的过程，我邀请你运用想象力来做一个练习，你可以一边读下面这段文字，一边认真感受自己的情绪。

你起床后，发现自己快迟到了，家里的车还坏了。你可能会感觉＿＿＿＿＿，你想＿＿＿＿＿（做什么）。和妈妈打出租车，却一直打不到车，感觉＿＿＿＿＿，你想＿＿＿＿＿（做什么）。最终，你只能乘坐公交车。公交车上很拥挤，你新买的白色运动鞋被别人踩了一脚，你可能感觉＿＿＿＿＿，你想＿＿＿＿＿（做什么）。你终于到了校门口，刚下车就听见了上课铃声。你飞快地跑进教室，老师当着全班同学的面和你说，下次早点出门，别再迟到了。其实你起床很早，却没有机会解释，你感觉＿＿＿＿＿，你想＿＿＿＿＿（做什么）。刚坐到座位上，老师发下了期中考试的试卷，你发现自己会做的题居然做错了，感觉＿＿＿＿＿，你想＿＿＿＿＿（做什么）。看了一眼同桌，他每次成绩都不如你，这次却比你高出十几分，你感觉＿＿＿＿＿，你想＿＿＿＿＿（做什么）。

你看到了吗？有时候就算是我们想象出来的事情，依然能激活杏仁核小狗，我们的情绪精灵也会及时出现。在情绪精灵的推动下，你是不是可能会有想喊叫、想逃走的冲动？现在，请用你的"智多星"——前额叶好好想想，然后告诉杏仁核小狗，这都是想象的，让它放心地回去吧！

身体很活跃　很轻松

浑身没力气　有点想哭

　　做完这个练习，你应该已经发现了，情绪来临的时候，我们的身体会有一些反应，比如肢体反应、心理感受、行为冲动等，这其实就是情绪给我们的"信号"。在日常生活中，我们如果能有意识地多关注一下自己的心理感受和身体反应，就可以更细致地了解自己的情绪状态，知道在某个时刻是哪一个情绪精灵来了，耐心地倾听它们想要带给自己的消息！

身体快要着火了！

想打人！

哼！

好想有一个温暖的抱抱。

感觉自己都变小了。

2 情绪信号巧识别

情绪精灵经常出现在我们的生活中，我们如果能够迅速、准确地识别出他人的情绪，就能更好地理解别人，甚至给对方一些心理支持。那究竟有哪些信号可以帮助我们更好地识别他人的情绪呢？

我们知道，自己有情绪的时候身体会有一些反应。其实，通过观察别人的身体反应、表情、动作等，我们也能理解别人的情绪。

每个人都是小观察家，也是一个朴素的心理学家。面部表情、语音语调、肢体动作这三个外在特征能够帮助我们准确地识别他人的情绪。

情绪卡片

游戏准备：和家长、朋友一起制作一些情绪卡片，在每张卡片上写下一种情绪，如果能配上图画就更好了。情绪词汇可以去参考第一章的"情绪词典"。卡片准备好之后，可以和家长或者朋友一起玩。

游戏规则

三人玩法：一人负责抽卡片，并用自己的表情、动作表演出来，另外两人同时猜他的情绪，先猜中的人赢得卡片。看谁赢得的卡片最多！

四人玩法：以两人为一组，轮流抽卡片猜对方的情绪。同组的其中一人抽一张卡片，并用自己的表情、动作表演出来，让另一人来猜自己的情绪，猜对了本组就赢得这张卡片。如果猜错了，卡片要放回去。依次轮流，看看哪一组赢得的卡片最多！

🌀 |能量补给站|

心理学家为我们总结出了一些人们在某种情绪下的普遍表现，这些表现可以帮助我们去识别他人的情绪。

1.快乐的时候

人们的眉毛和眼睛弯弯像月牙，嘴角上扬，有时候会露出洁白的牙齿和甜甜的酒窝。这时候，人们的身体是放松的，甚至会手舞足蹈、蹦蹦跳跳，让人想要接近。人们说话的语音、语调积极、欢快，经常会说一些让大家都开心的话。

2.伤心的时候

人们的嘴角向下，眼神无光，有时候会有眼泪含在眼里，或者泪流满面。这时候，人们开始懒懒的、无精打采，说话的声音变小，甚至有时有抽泣声。想要获得安慰，但又不愿意与别人多说话，想要一个人静静地待着。伤心的人可能会有这样的心声："都是我的错""我不够好""我应该……"

3.愤怒的时候

人们通常会紧锁眉头，张大嘴巴想大声喊叫，或者挥拳跺脚。这时候，人们的手脚很有力量，甚至有想骂人、打人的冲动。说话的声音变大，生气的人可能经常会说"凭什么""都是你（们）的错""讨厌，这不公平"……

4.恐惧的时候

人们可能会目瞪口呆，大口喘气，脸色通红或发紫。身体颤抖、僵硬，汗毛竖立，手心冒冷汗，经常会伴随着尖叫声，想要找一个地方躲起来。恐惧的时候，人们会觉得自己很弱小，身子也会蜷缩一些，想要得到其他人的保护。他们的心声通常是"救命啊""请帮帮我""我不是故意的"……

|自我成长屋|

下面的小练习可以帮助你更好地识别情绪信号，及时发现他人的情绪，提升情绪识别能力！

请你回顾一下最近几天发生的让你印象深刻的事情，想想当时对方的情绪，他说了什么，做了什么，尝试完成下面的填空。

他＿＿＿＿＿＿（做什么）时，我看到他的表情是
＿＿＿＿＿＿＿＿，他说了＿＿＿＿＿＿＿＿，他做了
＿＿＿＿＿＿＿，我猜他当时的情绪是＿＿＿＿＿。

例如：晓峰 上台表演 时，我看到他的 表情 僵硬，他说了我叫不紧张、我叫不紧张……，他做了 手在发抖、深呼吸，我猜他当时的情绪是 紧张。

第三章

情绪，
你有什么用

如果把我们的生命比作大海，那么情绪就是大海里的浪花。浪花起起伏伏，又融入大海。情绪喜怒哀惧，又归于平静。大海因为浪花而灵动，生命因为情绪而精彩。丰富多彩的情绪精灵激起生命海洋的波澜，让我们更有勇气和力量来面对各种挑战。

1 情绪是心灵的小信差

除了通过面部表情、语音语调、肢体动作这些信号来识别他人的情绪之外，你觉得还有哪些信号可以帮助自己捕捉别人的情绪呢？

小卡是一辆新出厂的小汽车，欢快地驰骋在马路上。吹着微风、哼着歌，小卡不知不觉地越开越快，它太喜欢这个感觉了。

随着小卡一路飞驰，仪表盘上的速度指针也一路攀升，很快超出红线。小卡浑然不知，继续加速。

很快，仪表盘开始不断发出"滴滴滴"的警报声。小卡看着仪表盘，气不打一处来："你怎么回事，非要和我过不去？一直响个不停！"就在小卡抱怨的时候，它感觉到车身抖动、车轮发烫，浑身开始颠簸起来。第一次上路的小卡始终没搞明白仪表盘的意思。"砰！"在超速驾驶中，小卡撞上了另一辆汽车。它忍着剧痛瘫在路上，百思不得其解：我为什么控制不了自己？

亲爱的小读者，你能解释小卡的疑问吗？

原来，小卡没有明白仪表盘发出的信号，没有去做调整，最后付出了惨重的代价！

第三章 情绪，你有什么用

能量补给站

你如果是开汽车的人，会像小卡一样和仪表盘较劲吗？会指责它为什么要发出警报或者让它灭灯、闭嘴吗？

当然不会和仪表盘较劲啦！因为我们都知道，仪表盘是车况的信使，反映小汽车的各系统工作状况，提示我们应该给汽车做相应的保养和维护。一个合格的、懂得安全驾驶的司机，会在收到信息时及时进行处理。否则，就是在拿自己的生命安全开玩笑！

我们的情绪就像这个仪表盘一样，也是个小信差，它反映的是我们的身心状态。当有情绪产生时，我们也要多关注情绪小信差带来的消息，这样才能避免自己陷入更大的麻烦。

我们在前面已经说过，积极的情绪说明我们的需要得到了满足，消极的情绪则代表需要没有得到满足。

> 你最近有没有好好倾听过自己的情绪，看看它们是因为什么来找你呢？你还听到了什么其他信息吗？

37

自我成就感的获得

害怕面对疾病和死亡

每个人都渴望被尊重

陪伴的情谊被阻断的悲伤

|自我成长屋|

下面这个游戏可以帮助你更好地理解情绪的作用。这个游戏的最终目标是要完成纸牌塔的搭建，中间不能放弃。如果遇到困难，你可以请家人或身边的朋友来帮忙！

纸牌搭塔

互动准备：每人一副扑克牌。

活动步骤：每个人用手里的牌，按照图中的样子搭成一个纸牌塔。活动过程中，不能剪短扑克牌，也不能用胶水等其他工具。

请留意你在搭纸牌塔过程中内心的感受。

活动分享

1.当你好不容易搭好一层，结果一不小心全坏了，这时候你心里有什么情绪升起来？你心里可能会想什么呢？

2.当你重复了好多次，感觉越来越有希望，结果最后一步又坏了，你感觉怎样？

3.当你比别人快的时候，感觉如何？当你比别人落后的时候，又感觉如何呢？（如果一个人玩，可忽略这个问题）

4.当你经过好多次练习，终于顺利完成任务时，你有什么感觉呢？

在搭纸牌塔的过程中，你可能注意力高度集中，甚至有点紧张，这是因为你很在意正在做的事情。如果尝试好几次都没有成功，你可能会烦躁、生气，眉头紧锁，甚至产生想要放弃的念头，因为每个人都不愿意面对自己非常努力还做不到的心理落差。当你慢慢静下心来，找到方法、不断尝试，搭得越来越快、越来越好的时候，你可能会感到很兴奋，心里也很欣赏自己，觉得自己好棒！情绪就是一个这样的小信差，反映我们内心最真实的需要。

2 情绪是身体的雕塑师

健康包括身体和心理两个方面，而神奇的是，这两个方面会相互影响。当人们身体不舒服的时候，通常心情也会不太好；同时，当人们总是心情不好时，身体也会出问题。中国有一句老话叫作相由心生，说的是一个人心里的感受会通过面部长相、气质展示出来。一个慈眉善目的人，很可能是一个乐观的、积极心态的人；而一个愁眉苦脸的人，很可能经常处于负面情绪之中。情绪就像身体的雕塑师，会把内心状态雕刻在人的面相上。

在中国四大名著中，作者在创作各种人物形象时突出了他们的情绪特征。《三国演义》中的周瑜是一位非常有才华的大将军，他因为自己的计谋总被诸葛亮识破，气得口吐鲜血、一病不起，最终英年早逝；《红楼梦》中的林黛玉因相思和难过而吃不下、睡不着，日渐消瘦。

《儒林外史》中有个穷书生，名叫范进，他一直生活在穷困之中。为了改变命运，他一直不停地参加考试，考了二十多次，都没有考上功名。他五十四岁才中了个秀才，接着参加乡试又中了举人。他因为高兴过度、神经错乱而发起了疯，手里拿着榜书，在乡亲中间边跑边喊："中了，中了，我中了，哈哈哈……"

这些故事给了你什么启发呢？可以和家人分享一下。

心理实验室

　　古代阿拉伯学者阿维森纳曾用动物做过实验，验证了消极情绪对身体健康的影响。为了验证不良环境对生命状态是否有影响，他将两只体质相同、喂养方式也相同的羊羔置于不同的外界环境中生活。其中一只羊羔放在平静安逸的自然环境中，另外一只小羊羔所在的草地栅栏外拴着一头狼。不久之后，安逸环境中的小羊十分健壮，傍狼而居的小羊则日渐消瘦，最终死去。

⚡ |能量补给站|

关于情绪对身体的影响，古今中外的名著中都有相关论述。如我国传统的中医理论中曾讲道：怒伤肝，思伤脾，悲伤肺，喜伤心，恐伤肾。

人在快乐的时候，浑身很轻松，充满能量。这种积极的情绪会由内而外散发出来。经常保持适度的积极情绪，有助于我们的身体健康。

人在愤怒的时候，会感觉头都要气炸了，经常愤怒的人很容易出现头疼问题；悲伤时，人们会感觉胸口堵得慌，经常伤心、难过的人很容易出现胸闷问题；恐惧的时候，人们会心跳加快，浑身紧张，经常处于紧张、恐惧中的人，更容易遭受肠胃方面的痛苦……我们如果经常处于消极情绪中，就会损害身体健康。

情绪就像一个雕塑师，在无形中塑造着我们身体的健康状态。情绪本身没有对错好坏，但是过度的情绪反应会对我们的身体造成伤害。因此，当有情绪火种产生的时候，及时调整情绪才能避免情绪带来的伤害。

3 情绪是
人际沟通的小助手

　　婴儿刚出生时不会说话，你知道他们主要靠什么来和大人交流吗？没错，就是哭、笑等情绪表现。当宝宝觉得饿了、尿了、不舒服了，就会通过哭来提醒大人自己需要照顾；当宝宝吃饱穿暖时，就会表现出比较好的情绪。虽然我们慢慢长大，但情绪在人际沟通中依然起着非常重要的作用。它让别人知道我们的状态，同时，我们可以通过别人的情绪来了解他的状态。

　　人类的沟通中，言语信息只是很小的一部分，肢体动作、情绪反应等非言语信息也起着非常重要的作用。从前面的内容我们可以知道，通过面部表情、语音语调、肢体动作，我们会表达出一些自己的情绪，也能看出别人的情绪。

时光穿梭机

晓峰刚上小学的时候，胆子比较小。

他看到其他同学举手发言后总能得到老师的表扬，也举起手，可当老师叫他回答问题的时候，他又时常低着头，憋红脸，说不出来话，他那种神情时常引得同学大笑。

老师开始也怀疑晓峰是不是在有意调皮捣蛋。可是晓峰的眼神和表情又不像。到底怎么回事呢？

于是老师找到晓峰谈心，才知道他其实很想给老师捧场，让老师更愉快地上课，也想积极发言获得老师的表扬。因此，他有时候还没想好怎么回答问题就举起了手。

老师知道他的想法后，就和晓峰做了一个约定：如果已经有了答案，就举起右手；如果还有迟疑，就举起左手。这样，老师就可以根据晓峰的举动来决定什么时候叫晓峰发言了。

在这样的互动下，晓峰慢慢地敢在同学面前讲话了。他因为回答问题正确获得了老师的不断肯定，上课更加认真听讲，人也变得更有自信了。

晓峰的表情语言表达了自己的情绪，老师的细心观察让晓峰有机会说出自己的想法，并和老师一起找到方法帮助自己进步。

🌀|能量补给站|

见到朋友，还未说话，微笑已经开始帮我们打招呼了。有时候，我们因为难过而获得别人的帮助和安慰，因为害怕而得到别人的鼓励，这让我们感受到别人的关心。

同样，我们也可以通过别人的情绪来了解别人，更好地与别人相处。当你看到好朋友眼睛里含着泪花，就知道他可能是遇到了伤心的事情，你可能想要安慰对方；当看到父母情绪很好、很开心的时候，你可能会更大胆、放松，甚至和父母开玩笑；当你发现父母正在生气或者父母严厉地批评你的时候，你可能就会表现得乖一些，以免遭受更大的情绪"暴风雨"。

这种感觉就像情绪为我们搭建了一座桥梁，让人和人之间可以更加通畅、清晰地相互了解。

和别人交流的时候，试着多观察一下对方的情绪，相信会对你有帮助哦！

自我成长屋

照镜子几乎是我们每天都会做的事情，你做什么，镜子里的你就跟着做什么，你哭他也哭，你笑他也笑。如果生活中也有这么一个人，那会是什么感觉呢？快找一个小伙伴玩起来吧。

一个人做动作，另一个人模仿对方的表情、动作，模仿得越像越好。做完之后可以交换角色。

当你作为照镜子的人，发现有一个人无条件地模仿你的时候，你感觉怎么样？是不是觉得有人关注自己、在意自己，感觉很不错呢？

当你去努力模仿别人的时候呢？是不是有点困难？需要细心观察、认真模仿，我们的表情、动作才能更加接近对方的表情、动作。这就像生活中我们去了解别人的心思、关注别人的情绪一样，需要用心体会。

情绪爱表达

活动准备：便笺纸、A4纸、笔、一个玩偶（或者文具、玩具等均可）。

活动人数：两人一组。

活动步骤：

1.在每一张便笺上写出一个情绪词语，可以和家人或朋友一起来完成情绪卡片（如果有现成的情绪卡片，可以直接使用）。

2.在A4纸上写出两个简单的句子作为台词，比如"送给你"和"我不要"。两个人每人选一句，可以放在面前或者贴在胸前。

3.两个人轮流抽取情绪词语。比如，第一次甲选的是"开心"，那么两个人就开心地说出自己选择的"送给你"或"我不要"；第二次乙抽取的是"生气"，那么两个人就生气地说出自己选择的那句话。

温馨提示：玩游戏的人可以一起商量台词，并根据台词的需要选取相应的小道具。

第四章

消极情绪
巧化解

积极情绪和消极情绪都是
我们的好朋友。积极情绪让人满脸阳
光，能量满满；消极情绪提醒你心里有一
些期待没有得到满足。
　　但是，过多的消极情绪，或者一个人长
时间处在消极情绪中不能调节时，可能会
对我们的健康、记忆力、注意力等造成
影响。因此，学会一些方法来化解
消极情绪，显得很重要！

1 捉住愤怒小怪兽

你体验过愤怒的情绪吗？你被别人愤怒地对待过吗？相信你的答案是肯定的。愤怒就像小怪兽一样，它一出现就具有很大的威力，控制不好的话，容易伤害自己和他人。

著名的心理学效应——踢猫效应，讲的就是一些在愤怒不能及时处理的情况下产生的让人意想不到的影响。

🌀 |能量补给站|

每一种情绪来临的时候，都会让人的身体产生一些反应。

愤怒时，人们通常会呼吸加快，脸色发红或发紫，感觉到身体发热，身体里的血液流动很快，额头或者颈部的血管会膨胀起来，胸口会有较大起伏，手上会充满力量。有的人会瞪大眼睛，皱起眉头，紧闭嘴唇，咬着牙。

看到这样的信号，你就知道愤怒来临了。这时，试着先告诉自己这很正常，因为每个人都有愤怒的时候。当人们受到不公平的对待，或者内心的需要没有被满足时，就会产生愤怒。愤怒是我们在用强烈的方式让别人看到自己的界限，是一种自我保护。

愤怒的情绪很正常，也很有用，但是愤怒时所做的冲动行为是有害的。有的人生气时就大喊大叫、对别人发脾气，甚至无缘无故地欺负小动物或植物，对别人或者对小动物、植物造成伤害。就像踢猫效应一样，这种连锁反应最后也许会对我们自己产生不好的影响。因此，我们需要学习合理控制自己的愤怒情绪。

控制愤怒情绪可不是强行压抑，强行压抑只会让自己更难受。你可能会发现，特别愤怒的时候，好像根本控制不住自己的情绪。这时候，一个最简单有效的办法就是深呼吸，通过深呼吸慢慢让自己平复下来！

当你的愤怒程度降低一点的时候，下面图中的一些方法可以帮助你管理愤怒情绪，安抚愤怒"小怪兽"。

|自我成长屋|

> 　　愤怒的时候，身体里的怒气会一点点增加，逐步到达顶点。

　　请你回顾以前发生的让你愤怒的事情，参照下图，思考它们带给你的愤怒等级是多少呢？当时你做了什么事情？你觉得愤怒时的行为是否合理（不伤害自己和他人）？你如果觉得合理，可以继续采用；如果觉得不合理，想想有什么替代的方法吗？

　　在完成这个小练习的过程中，请你想想，你的愤怒在哪个等级的时候，你感觉自己的杏仁核"小狗"就要被劫持了，自己在这个时候可能会做出一些不讲道理的行为？你如果能知道自己愤怒的程度，就更容易采取措施了。下图中的温度计能够帮助你了解自己的愤怒程度，这样，下次有让你愤怒的事情发生时，你可以采取更有效的措施。

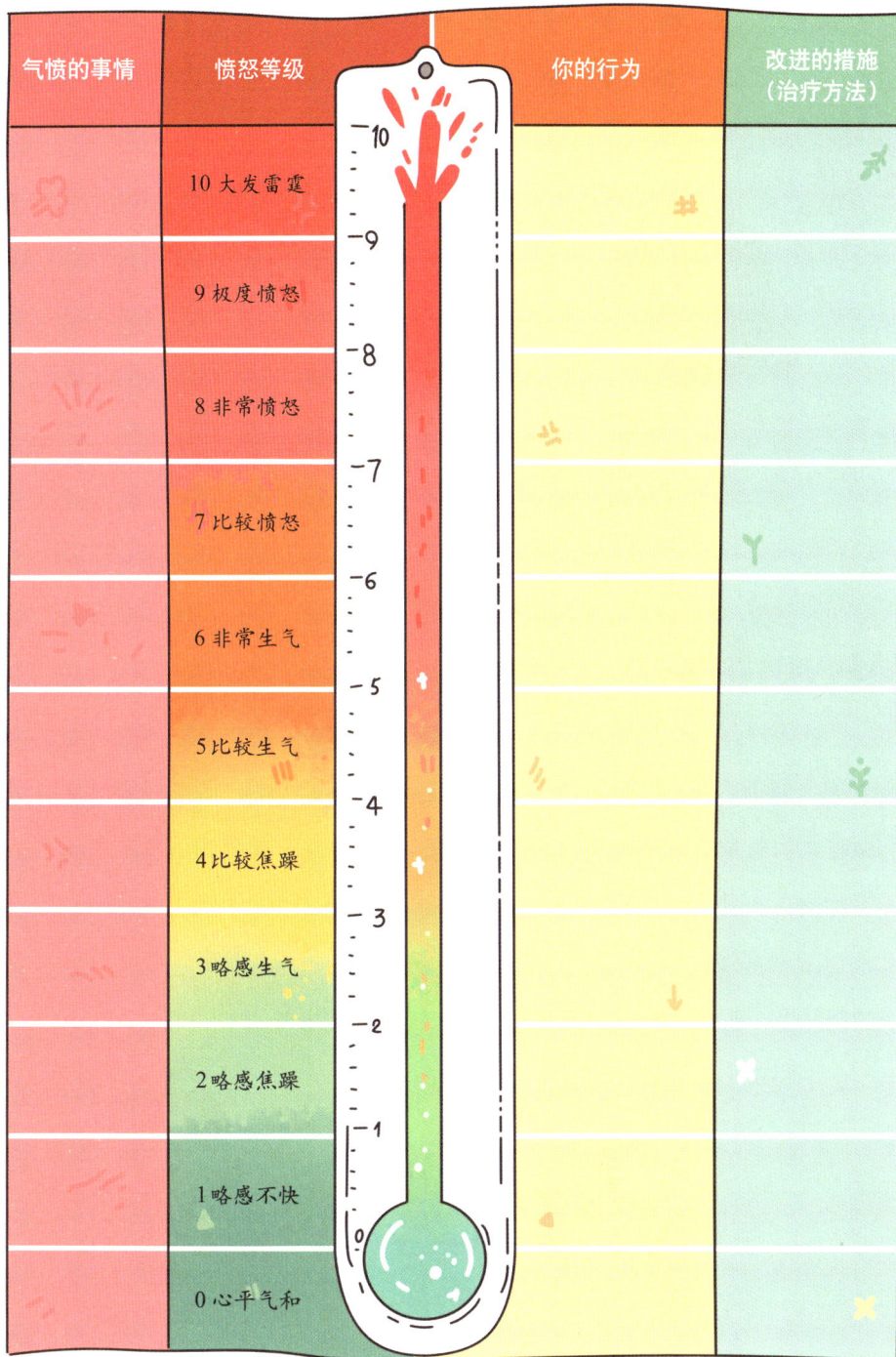

气愤的事情	愤怒等级		你的行为	改进的措施 （治疗方法）
	10 大发雷霆			
	9 极度愤怒			
	8 非常愤怒			
	7 比较愤怒			
	6 非常生气			
	5 比较生气			
	4 比较焦躁			
	3 略感生气			
	2 略感焦躁			
	1 略感不快			
	0 心平气和			

2 和嫉妒说"拜拜"

嫉妒精灵的独白

有人说，我——嫉妒的名声不太好听。我就是一种病毒，敢同癌细胞争个高下。我一旦进入人类大脑，立刻就有症状反映出来，通常是眼睛瞪大而且发红。现在流行的"红眼病"，其中有一部分病因就是我。不管你是大人小孩，不管你是男是女，不管大事小事，我都想参与一下。大到国家富强，小到一件衣服、一首好听的歌、一次考试成绩或者碗里的肉片……我都可以做一篇文章出来，不信试试看！

小朋友，你见识过嫉妒的威力吗？

心灵故事汇

心理实验室

加州大学圣地亚哥校区的心理学家克里斯蒂娜·哈里斯 (Christine Harris) 曾经做过一个实验，说明狗狗的嫉妒心理。

他们选择了36只狗，让狗主人完全将注意力集中在其他物体上而忽略自己的宠物。这些物体共有三种：一只和真正的狗很像、按下身上一个按钮会简单地摆尾和发出叫声的毛绒玩具狗，一个南瓜灯玩具和一本书。

当狗主人抚摸一只逼真的、能吠叫并发出呜呜声的毛绒玩具狗，并与其说话时，几乎所有的狗都会走过来，近87%的狗会试图进入主人和玩具狗之间，42%的狗甚至会去咬玩具狗。实验结束后，许多狗狗会嗅那只毛绒玩具狗的臀部。哈里斯博士称，那些狗狗以为玩具狗是一只真狗。有趣的是，即便86%的狗通过凑上去闻玩具狗应该可以判断出这不是一只真狗，仍然会对玩具狗表现出强烈的攻击行为。

　　为了看看其他分散注意力的事情会不会让它们有所反应，哈里斯还记录了狗主人在抚摸南瓜灯笼并和它说话，以及朗读儿童读物时的情况。那些狗少有注意灯笼的，对那本书的关注度更小。

　　美国埃默里大学灵长类学家德瓦认为，这种反应就是嫉妒，实际上是对不平等的反感，经常发生在习惯群居的动物身上。

　　嫉妒来源于比较，这种嫉妒情绪也经常发生在人类身上，但是它并不是"洪水猛兽"，我们每个人都有嫉妒别人的时候。它的产生和伤心、兴奋等其他情绪一样，都很正常。但是，人们因为心怀嫉妒而做的一些行为就有好坏之分了。有人因为嫉妒别人，就给别人使坏，说别人坏话，这会让他自己变坏；有人因为嫉妒别人，看到了自己与别人的差距，给自己设定目标，愿意更加完善自己，那他就能利用嫉妒来提升自己。

　　现在你知道了吧，嫉妒和其他情绪一样，是一种普通的情绪，不同的只是我们在嫉妒情绪到来时的行为。

🌀|能量补给站|

嫉妒，折射出我们内心的需要，我们可以听听嫉妒在提醒我们需要什么。

你之前遇到过嫉妒精灵吗？ 当你遇到它的时候，都会发生什么呢？ 找到那些让你嫉妒的人，看看你究竟嫉妒他们什么，想想怎样可以做到像那些人一样。

当 ＿＿＿＿＿＿＿＿ 时，我特别嫉妒 ＿＿＿＿ ＿＿＿＿＿＿＿＿＿＿

我会说：＿＿＿＿＿＿ ＿＿＿＿＿＿；可能会（做）

我觉得嫉妒的好处是＿＿＿＿＿＿＿＿＿ ＿＿＿＿＿＿＿

嫉妒可能带来的危害是＿＿＿＿＿＿＿ ＿＿＿＿＿＿＿

嫉妒精灵来了，我们该怎么办?

嫉妒帮助我们找到自身问题，明确努力方向。嫉妒里面藏着进步的密码，让我们一起来看看吧!

每个人都是这个世界上独一无二的存在，每个人都有别人不具备的优势，试着主动找出来，嫉妒精灵就不用总来提醒啦!

重新看待他人的优秀

凭什么他可以? 羡慕嫉妒恨!

◆周围有人比我优秀，我很荣幸。

他看起来不怎么努力，凭什么?

◆他优秀一定有其他原因，我可以看看什么是我可以借鉴的。

嘚瑟什么，下一次我一定超过你。

◆优秀的人还有很多，我的目标是提升自己、完善自己。

绝望，我永远比不过他。

◆和过去的自己比，我有自己的优势，还需要继续努力!

自我成长屋

下面我们要玩一个游戏，请你注意感受一下，在游戏的每个环节，自己都有怎样的感受。游戏结束后，我们一起交流。

小鸡变凤凰

人数要求：四人以上。

游戏规则：

1.角色要求：身份为"鸡蛋"的人要坐在地上，不能走动；身份为"小鸡"的人要屈膝弯腰，可以缓慢移动；而身份为"凤凰"的人可以站着，随意走动。

2.每个人最开始的角色由抽签决定。在游戏中，每个人要找与自己角色相同的人用猜拳的方式去"PK"。赢的人可以上升一级，即"鸡蛋变小鸡、小鸡变凤凰"；而输的人要降一级；如果能够在和其他凤凰PK时胜出，则成为游戏赢家。

分享

> 每个人在游戏中都有自己独特的体验，可能有人一开始抽到"鸡蛋"，只能远远地和别人猜拳或者等着别人来找自己，这时，他是否已经嫉妒别人拥有高一级的角色？可能当你第一个抽到"凤凰"，退出游戏时，看到别人玩得开心，也会心生羡慕。当我们和别人比较，经常看到自己没有什么，而恰好别人有什么的时候，嫉妒精灵就会出现了。嫉妒里包含生气、愤怒、自我怀疑等复杂的情绪。

3 考试焦虑怎么办

下周就要期末考试了，晓峰一想到这件事，整个人都不好了。

他特别担心如果自己考不好，爸爸答应给买的超人玩具就会泡汤；也担心如果成绩退步了，同学们一定会笑话自己。每次想到这些，晓峰就会饭也吃不下，觉也睡不着。离考试越近，晓峰的感觉越强烈。

其实啊，晓峰这是遇到"考试焦虑"了，这是一种特别常见的情绪问题，很多人都经历过。

时光穿梭机

　　罗·克拉克来自澳大利亚，他是20世纪60年代世界著名的长跑健将，曾经打破19项长跑世界纪录。然而，在1964年东京奥运会、1968年墨西哥城奥运会上，他却连连发挥失常，只获得一枚铜牌。其实，在这两届奥运会的当年，他的最好成绩都远远超过了奥运会冠军的成绩，因此，克拉克被称为"伟大的失败者"。心理学上把这种平时优秀的人在关键时刻不能正常发挥，导致比赛或者考试失常的现象，称为"克拉克现象"。

　　无独有偶，在心理学上还有一个著名的"瓦伦达效应"。瓦伦达是美国一名非常著名的高空钢索表演艺术家。他总是非常稳健，以高超的演技闻名，因为他心里只想着在钢索上表演这件事，从来不关注这件事可能带来的一切影响。但是在一次重大的

这次太重要了。 不能失败。 我必须成功。

表演时，他却因表演丧命。他的妻子回忆说，在这次表演上场前，他不停地说："这次太重要了，不能失败。"他太想成功了，因为这次成功将奠定他在演艺界的地位，还会给演技团带来前所未有的支持。当他走上钢索，刚做了两个难度并不大的动作，就从10米高空摔了下来，一命呜呼了。后来，心理学家把这种为了达到目的患得患失的心态命名为"瓦伦达心态"。

在面对重大考试时，绝大部分的人都会出现紧张、焦虑、身体不适等情况，这就是考试焦虑。它在考试前、考试中、考试后都可能会出现。在考场上，你如果考试焦虑非常严重，总是担心考试结果，导致自己平时会做的题目都做不出来，就可能出现像克拉克和瓦伦达那样的情况。

你是不是会想，看来考试焦虑真的是洪水猛兽，千万不要来找我。很多人都希望自己考试的时候一点都不紧张，其实这是不可能的，也是不科学的。面对重大考试，每个人或多或少都会有紧张、焦虑的情绪出现，这是正常现象。

能量补给站

　　事实上，适度的焦虑能让你大脑的神经更兴奋，注意力更集中，有利于考试发挥。你如果完全不焦虑，就可能不会认真对待，因马虎而出错；而如果太过于焦虑，大脑的精力都被消耗了，也无法专注在考试的题目上，从而影响考试结果。因此，不要过于担心自己在面对考试时候的紧张状态，这种状态能够帮助你更好发挥的呦！

　　为什么会有考试焦虑呢？我们一起来看看焦虑精灵——小焦给晓峰的来信吧！

亲爱的晓峰：

你好！快期末考试了，你是不是感觉不太好呢？

你之所以这么紧张、焦虑，是因为很在意这次考试，这说明你对学习很看重。你平时学习挺用功的，正好通过这次考试来看看自己学习的情况。不过，每次考试前几天，你就开始担心自己考不好。考试的结果是你无法掌控的，你把注意力放在这个想象的坏结果上，当然会影响你的状态了。

我来信就是为了提醒你，不要想那么多，把注意力放在你正在复习的知识上才最重要。再说了，考试成绩只是反映你这些知识掌握了没有，它不能代表你这个人好不好。无论你考试好坏，你这个人都是足够好、足够可爱的。退一万步说，就算你没考好，那可能说明你的学习方法不对或者知识掌握不牢，这正是你调整自己的好机会。

面对考试，每个人或多或少都会产生紧张、焦虑的情绪，这很正常。如果焦虑过度，可能会带来一些麻烦。下面的一些小贴士可以帮助你调整心态，快来看看吧！

第一，调整自己的期望。比如，将"你期望自己考第几名"调整为"期望在原有基础上进步多少名"，这样的话，进步多了很开心，进步少了也能接受，就没那么焦虑。

第二，寻求帮助。不要总是憋在心里，试着把你的担心、焦虑和朋友、家人分享一下。科学家已经证实了，一起分担问题确实能够减少压力。

第三，合理安排考前的生活。不要因为快要考试了，就一味学习，别的都不做了。一心只想着考试，反而会增加焦虑情绪。学会合理安排时间，劳逸结合。

放轻松，无论你考得怎么样，我都会默默守候你，为你加油！

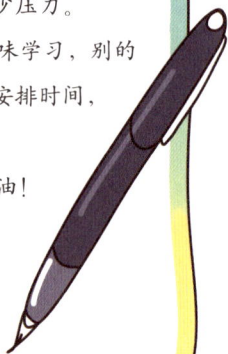

你的好友 小焦

×年×月×日

自我成长屋

看了小焦的来信，你有什么心里话想和小焦说呢？你假如也遇到过晓峰的情况，请试着给小焦写一封回信。下面这些内容可供你参考。

小焦：

　　你好！

　　谢谢你给我来信，还关注我_____情绪的变化。有人这样理解我、关心我，我感到_____

_____

_____。

　　你的小贴士中适合我的有_____

_____，读后对我的启发是_____

_____

_____，我还可以试一试的新方法是_____

_____

_____！

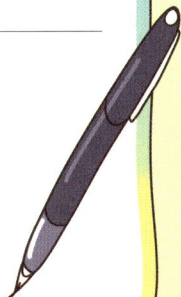

你的好友_____

×年×月×日

73

4 害怕，也没关系

在四大情绪家族中，快乐让人充满活力，愤怒表达内心的不满，伤心能够得到他人的安慰，恐惧能够让人躲避危险活下来，它们都是随着人类进化一直保留下来的非常有用的情绪。害怕在四大家族中占有一席之地，它是人们与生俱来的一种情绪。

人们在高兴的时候笑，伤心的时候哭，兴奋的时候手舞足蹈，遇到危险时感到害怕，大多数人都一样。有的人害怕吵架，有的人害怕打雷、闪电，有人害怕去看牙医……你害怕什么呢？有时候我们会听见有人刚说完"我什么都不害怕"，转身就说"那条大狗又来了，我好害怕"。

但是，好像人们都不太喜欢害怕这种情绪。害怕的时候，我们会觉得自己好小好小；害怕的时候，我们会觉得自己好没用；害怕的时候，我们会觉得自己要死了……反正大家都不太喜欢自己害怕的样子。

　　小希已经上四年级了，她每次见到小虫子就非常害怕。有一次课间，教室里爬进来一只蜈蚣，小希吓得哭了起来。一些调皮的男孩居然大笑起来："这有什么可怕的。"他们还嘲笑小希是胆小鬼。

能量补给站

我们的祖先就是因为拥有"害怕精灵"，才更加警惕，躲避各种危险，进化到现在这种文明程度。人类不如其他猛兽有力量，但是拥有更高的智慧。在千万年的发展中，人类在遗传基因中就有恐惧情绪，为的是远离危险。人们在害怕的时候，通常会眼睛睁大、发抖、手心出汗、心跳加快、呼吸急促等，这是遇到"危险"时最自然的反应。我们的祖先原始人毛发浓密，当"害怕精灵"到来时，他们的毛发会立起来，显得大一圈，这样能更容易威慑到敌人。

因此，害怕并不是软弱的表现，每次"害怕精灵"出现，都是在提醒我们可能有危险，告诉我们要做好保护自己的准备。

害怕的时候，人们大多数会出现三种反应：战斗、逃跑、木僵状态，这让人觉得很糟。

那么，请你想一想，如果"害怕精灵"从身边永远消失，我们无论遇到什么情况都不会害怕，不会觉得自己很胆小，这种感觉怎么样？我相信很多人都不同意，因为那样岂不是更危险！

|自我成长屋|

害怕的时候该怎么办呢？

首先，很重要的一点是，承认自己害怕了，这并不丢人，反而是很勇敢的表现。如果有人笑话你胆子小，那是他们做得不对。你可以承认在这件事情上就是胆子小，但是你在别的地方很勇敢啊！因为每个人都有害怕的时候，即使是大人也会有。当你看到"害怕精灵"的时候，"害怕精灵"会稍微安心一点，就不会拼命地表现来吸引你的注意力了。

其次，害怕的时候可以请周围的人帮忙。比如，害怕打雷、闪电的时候，就和家人待在一起，让妈妈抱抱你；害怕考试的时候，和好朋友说一说；害怕大狗的时候，请遛狗的人帮忙看好等。

冥想体验

可以让爸爸或妈妈来读下面这几段文字，其余的家庭成员一起享受冥想带来的美妙体验。

在开始冥想之前，找到一个舒适的姿势：可以盘坐在地板上；可以坐在椅子上，双脚放平；还可以让整个身体平躺。慢慢地闭上眼睛，感受一下自己的呼吸：当你吸气的时候，感受到空气有点凉凉的，把氧气吸入自己的身体；当你呼气的时候，感受到温暖的气息从鼻腔出去，同时把身体里不需要的气体排出去，你感到更轻松。

感受到呼吸的同时，你可以想象自己在一个温暖的午后，漫步在一片森林中。温暖的阳光，透过树叶洒在你的身上。

你闻到了大地散发出泥土的芬芳。眼前不远处是一片绿色环绕的草地，这里开满了五颜六色的野花，随风摇曳。

你望着阳光照耀下的小草、小花，它们闪烁着微光，仿佛在和你打招呼。你的全身变得放松，不再烦恼。你尽情享受大自然的滋养，沉浸在此时此刻的美好中。你就在这里休息，感觉很舒服……

在这个状态里，你可以待2分钟，然后，感受一下自己的呼吸，慢慢地回到现实中来。

5 拨开伤心的乌云

每个人都有伤心的时候，你伤心的时候是什么感觉呢？

伤心的时候，很多人都会哭。其实哭真的是一种不错的排解伤心情绪的方式。

当我们因为受了委屈或者其他原因而感到伤心的时候，人体内就会产生一些有害物质，而眼泪可以帮助我们排出身体里的毒素。并且，人在哭的时候，身体的很多器官都在协作，这可以帮助我们的情绪和肌肉放松下来。因此，我们难过的时候会哭泣，这其实是身体自我调整的表现。

但是，哭的太久会使身体变得很虚弱，因此，也要注意适可而止。

人在伤心的时候，有时需要身边人的安慰。当你伤心的时候，你希望身边的人怎么来安慰你呢？别人伤心的时候，你又能做点什么让对方舒服一点呢？

时光穿梭机

有一天，晓峰发现自己的钢笔找不到了。那是妈妈送给他的生日礼物，他伤心极了，抽抽搭搭地哭起来。

妈妈关心地问："晓峰，你怎么哭了？"

晓峰哭着说："我的钢笔找不到了！"

爸爸对他说："你怎么又把东西弄丢了，总是丢三落四的。"

奶奶说："别哭了，宝贝孙子。你想要啥样的钢笔，奶奶再给你买一个。"

爷爷说："丢了东西，你哭也不会回来。你赶紧振作起来，想想怎么丢的，下次可别再这样了。"

哥哥说："咱们出去玩吧，别管它了，说不定什么时候就找到了。"

这时，晓峰的好朋友晓静来找他玩，听了事情的经过之后，晓静坐在晓峰旁边，对他说："看你哭得这么伤心，这支钢笔一定特别重要吧。"

听了晓静的话，晓峰哭着点点头。

晓静对他说："你想哭就哭一会吧。"

在晓静的陪伴下，晓峰哭了一会儿，慢慢地恢复了平静。

🌀 | 能量补给站 |

伤心的情绪就像一片乌云，当它来临时，让人感觉浑身都湿湿的，好像看什么都是灰蒙蒙的。为了让自己从这种不舒服的感觉中恢复过来，我们可以试试下面的方法，来帮助自己和朋友调节情绪。

1.想象法

你想象过自己的"伤心精灵"是什么样子的吗？

下一次当你感到伤心的时候，你可以想象一下它是什么颜色的？是什么材质？软的还是硬的？它的大小是怎样的？它和你的距离有多远？这个"伤心精灵"会跟你说些什么？它有什么变化会让你更舒服？

比如，有人这样描述自己的"伤心精灵"：我感觉好难过，这个伤心的精灵是蓝色的，它像一个巨大的海绵，要把我包围了；我感觉浑身湿湿的，都要呼吸不上来了，我好想让它变成一个干干的海绵，这样我能躺在上面，松松软软的。

当你做完这个想象描述，你会发现，"伤心精灵"已经从你的身上跑开了，伤心的感觉也变得很淡很淡了。

2.表达法

如果是你的朋友或家人惹你伤心了，你也可以试试直接表达出来。比如，你可以这样说："妈妈，你经常说邻居家小鸣考试很好，让我向他学习，我感觉很伤心。我觉得您总是拿别人的优点和我的缺点比较，我希望您可以多看看我的优点，看看我的努力。"这样不仅可以直接缓解自己的伤心情绪，也能让别人更好地理解你、接受你，避免产生更多的误会。这个方法里包含几个步骤，它们分别是：

你这样做……（事实）

我感到伤心、难过（感受）

我觉得你误会我了（想法）

我希望你可以……（行动）

步骤

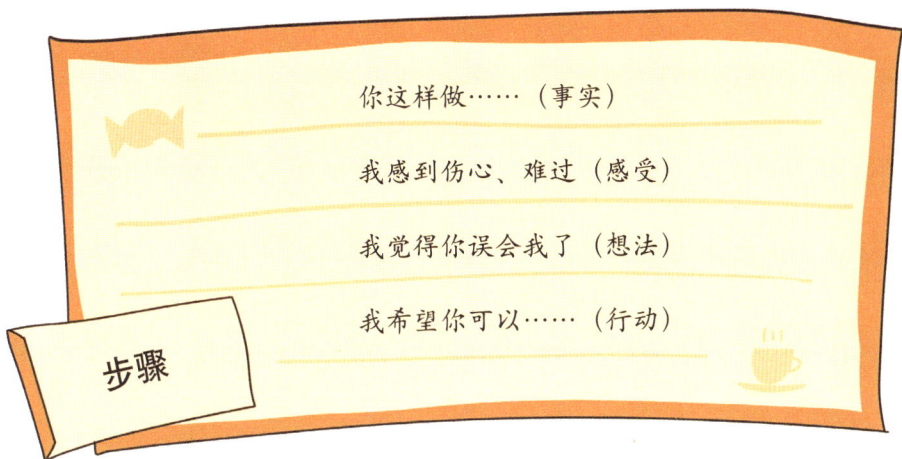

这个方法你也许还不太熟悉，但是只要不断练习，相信你一定能够把它掌握好。

如果你的朋友或家人伤心了，你可以怎么做呢？"己所不欲，勿施于人"，当你不知道怎么对待别人的时候，你就想想，你难过的时候，希望别人怎么对待你。

我想，静静地陪着他，或者给他一个大大的拥抱；说一些话安慰对方，告诉他想哭就哭吧，告诉他你愿意帮助他一起渡过难关；还可以试试前面讲到的同理心的方法，告诉他如果你遇到这种情况，肯定也会很难过的。我想他一定能够得到心理的支持！

3.活动放松法

在你感觉到伤心、难过的时候，还可以试试用下面这个小游戏让自己感觉舒服一点。

融化的身体

活动准备：

轻音乐、松软的垫子（最好是可以躺在上面的，如果不方便，可以用小凳子代替）。

活动步骤：

放一首轻柔的音乐，闭上眼睛站立。随着音乐把身体慢慢地放松，可以把自己的身体想象成一个大大的冰块，在温暖的阳光照射下，冰块开始一点点融化。从头部、颈部开始，再到肩膀、胸部、双手、腰部、臀部，最后是腿部及脚部。当你感觉阳光照到哪个部位，就想象那个部位变得暖暖的；当冰块开始融化，那个部位也变得放松下来；最后，全身舒适地躺下（坐下），达成放松的效果。

第五章

积极情绪
善培育

我们如果把自己比喻成一棵正
在生长的小树，愤怒就像火山，伤心就
像乌云，恐惧就像干旱，它们虽然让这棵小
树的生长变得困难，但是锻炼了小树坚强的意
志；快乐、喜悦、开心等积极情绪就像是温暖的
太阳、和煦的春风、清澈的小溪，能够滋养这
棵小树，让小树生长得更加茂盛。情绪就是流
动在我们生活中的小精灵，我们如何听到
消极情绪的声音，巧妙化解，并在
生活中培育积极情绪呢？

1 寻找快乐的影子

快乐是最常见的积极情绪。我们应该都有这种体会，当我们处在一种很快乐或者满足的状态中时，好像做什么事情都很有劲儿，我们把这些又简单又让人充满力量的情绪称为积极情绪。

积极情绪包括快乐、愉悦、兴奋、激动等。心理学家通过研究发现，积极情绪有很多作用。

第一，积极情绪能够促进人们高效思考和解决问题，提高行动效率。当被积极情绪包围时，你会全身充满斗志，遇到困难也不轻易放弃！

第二，积极情绪可以使人体内神经系统、内分泌系统的自动调节机能处于最佳状态，这有利于人们保持身体健康，也有利于促进人的知觉、记忆、想象、思维、意志等心理活动。国内外很多研究都表明，长寿的老人最大的特点之一就是拥有积极的情绪。

第三，积极情绪拉近人与人之间的距离。人们之间积极的情绪流动，会让彼此感到友善、礼貌、相互尊重。

|心灵故事汇|

微电影《盖章》中讲述了一个这样的故事。

在一个停车场中，凡是盖过章的顾客都可以免费停车两小时。纽曼是这里的盖章员。他会面带微笑、眼神温暖地看着客人，并在服务的同时，真诚地赞美每一位顾客。凡是听他说话的人都会开心地笑起来。

后来，人们在盖章处排起了长队，大家都来寻找"开心"。这事惊动了保安，保安气势汹汹地来质问纽曼，为何有这么多人滞留在此。结果，这场危机却在纽曼的微笑与真诚中巧妙化解。

纽曼名气越来越大，甚至被总统接见……

停车场的盖章员成了大明星，人人都因为纽曼而微笑。

你知道为什么大家都这么喜欢纽曼吗？

原来，盖章员纽曼总是面带微笑来迎接每一位客人，对每个人都耐心地服务，帮他们解决问题。正所谓"伸手不打笑脸人"，纽曼的微笑融化并感染了每一个人，让人们找到快乐的心情。

能量补给站

在生活中，我们不仅要学会发现快乐，更重要的是要学会创造快乐。我们常常说，有四条路是我们奔向快乐森林的通道。

有时候你会发现，当自己全神贯注投入在一件事情上时，比如当你投入地画画的时候，或者是踢球、奔跑、跟着音乐翩翩起舞的时候，又或许是趴在草地上看着蚂蚁搬家的时候，你似乎感觉不到时间的流逝。心理学家把这种全然投入在自己热爱的事情中而忘记其他事物的状态称为"心流"，这是通往快乐森林的第一条路——心流路。

你走进公园、田野，看一看辽阔的天空，闻一闻花香，听一听婉转的鸟叫，感受阳光照在身上的温暖、微风吹在身上的凉爽……这时，什么坏心情都会统统飘走了！这是通往快乐森林的第二条路——自然路。

著名剧作家萧伯纳说过，倘若你有一个苹果，我有一个苹果，彼此交换一下，你我手中还是一个苹果。倘若你有一种思想，我有一种思想，彼此交换一下，那么，你我就各有两种思想了。当你主动和别人分享你的玩具、你的所见所闻时，好像有一种成就感从内心升起，这是通往快乐森林的第三条路——分享路。

第一次学会骑自行车、学会写第一个汉字、第一次学会游泳……这些时刻我相信你一定记忆犹新。学习的过程就是自己"翅膀"丰满的过程，不断突破自己、挑战自己，就能够享受成长带来的快乐，这是通往快乐森林的第四条路——成长路。

自然路

心流路

分享路

成长路

快乐森林

91

|自我成长屋|

　　了解了这么多通往快乐森林的通道，你现在是不是感觉很开心、很兴奋？为了帮助你记住这个开心的时刻，你可以试着做做下面这个小游戏。

抓住快乐

　　游戏成员：至少三个人参加。

　　游戏规则：

　　1. 用猜拳或者抽签的方式，选出一个人做幸运星。准备好一段文字，文字中"快乐"二字要能多次出现（最好多准备几段文字，以便多轮游戏使用哦）。

　　2. 所有成员手拉手围成一个圈（如果是两个人，就面对面站立）。先伸出右手，掌心向下；再伸出左手，竖起大拇指，大拇指朝上。接下来，把你的右手放在旁边伙伴的右手大拇指上。

　　3. 由幸运星来读这段文字。当听到"快乐"这两个字的时候，每个人的右手要去抓旁边伙伴的大拇指，同时自己的大拇指要从别人的右手下迅速逃脱。

4. 游戏结束后，可以统计一下自己抓住的"快乐"有多少。抓住"快乐"最多的人，可以做下一轮的幸运星。

快乐是一种心态，当你决定去获得快乐的时候，快乐就已经悄然来到你的身边。

下面有三个快乐小秘诀，能够帮助你在生活中找到更多快乐。

快乐秘诀一：快乐源泉小瓶子

每一个瓶子代表不同的令你快乐的事情，瓶子装得越满，说明这件事带给你的快乐越多。试着画一画自己的快乐源泉小瓶子！看看当你在画这些小瓶子的过程中，有没有更加明显地感觉到了快乐呢？

快乐秘诀二：快乐日志

积极心理学之父塞利格曼曾经做过一个研究，他让被测试的人每天晚上写下当天发生的三件好事及原因。研究表明，六个月后坚持记录"三件好事"的人，其幸福指数平均比对照组（没有这么做的人）高5%，抑郁指数低20%。尝试在生活中记录自己的点滴幸福，会训练我们的大脑变得更加积极和乐观，也会让我们对负面和消极事件的关注程度减少很多。

我的快乐日志

快乐秘诀三：欣赏自己

学会欣赏自己，因为你真的很棒！请按照下面的提示来完成这个小练习。请体会一下，你在做这个小练习过程中的心理感受。

欣赏自己小练习

1 我最欣赏自己对待朋友＿＿＿＿＿＿＿＿＿＿＿＿＿＿＿

2 我最欣赏自己对待家人＿＿＿＿＿＿＿＿＿＿＿＿＿＿＿

3 我最欣赏自己的性格是＿＿＿＿＿＿＿＿＿＿＿＿＿＿＿

4 我最欣赏自己的外表是＿＿＿＿＿＿＿＿＿＿＿＿＿＿＿

5 我最欣赏自己做事的特点是＿＿＿＿＿＿＿＿＿＿＿＿＿

2 掌握幸福的密码

如果说快乐是短暂的积极情绪状态，那么幸福是一个人长期稳定的积极情绪状态的结果。那么，怎样才能让自己幸福呢？

晓峰说，如果不用上学，每天都能睡到自然醒，不用写作业，想玩就玩、想吃就吃，那可太爽了，这种感觉应该就是幸福。你同意他的看法吗？如果他说的全部都可以实现，就会幸福吗？我们来看看心理学家做的实验，或许你会有不同的想法。

幸福是什么？

|心理实验室|

英国第五频道曾经做了一个纪录片《In Solitary》，讲的就是在密闭空间里独处的实验。

心理学家把五位志愿者关在不同的房间里，允许他们带三件自己喜欢的非电子设备的娱乐物品，随时可以玩；房间里也有充足的食物和水。但这些志愿者不能与人交流。以此看看他们的心理变化和行为反应。

第一位志愿者进入房间几个小时之后，心中被孤独感侵占，开始崩溃大哭，被迫提前结束实验。

第二位志愿者在24小时之后，开始感到无聊和焦虑，大部分时间都在神情紧张地发呆。

第三名志愿者在72小时后开始出现轻微幻觉，自言自语。

第四名志愿者将注意力转移到房间里用来记录自己行为的摄像头上，开始面对镜头将自己的想法记录下来。

第五名志愿者表现得最好，她通过画画让自己的内心保持平和，保持忙碌让她的心态很好。

这个实验给你怎样的启发呢？

看来，吃了睡、睡了吃，无所事事这种轻松、愉快的生活，不但不会让人感到幸福，甚至会引起一些情绪、心理问题。每个人对于幸福的定义不同，但是幸福是每个人都可以拥有的，让我们一起来看看有哪些方法可以帮助我们提升幸福感！

✿ |能量补给站|

积极心理学创始人之一马丁·塞利格曼认为，有六种美德能够拉近人们与幸福的距离，它们分别是"智慧与知识""勇气""仁爱""正义""节制""精神卓越"。这六大美德可以分为二十四种积极的心理品质，它们就是幸福的源泉。

下面是一个小调查，你可以对自己的这二十四种积极心理品质评个分，分数范围为一至十，分数最高的五个就是你目前最突出的积极心理品质。当你在生活中展现这些品质，就可以帮助自己获得更多满足与幸福。

积极心理品质评分

智慧与知识

1.好奇心 _____   2.热爱学习 _____

3.判断力 _____   4.创造性 _____

5.社会智慧 _____   6.洞察力 _____

勇气

7.勇敢 _____   8.毅力 _____

9.正直 _____

仁爱

10.仁慈 _____   11.爱 _____

正义

12.公民精神＿＿＿＿＿＿＿　　13.公平＿＿＿＿＿＿＿

14.领导力＿＿＿＿＿＿＿

节制

15.自我控制＿＿＿＿＿＿＿　　16.谨慎＿＿＿＿＿＿＿

17.谦虚＿＿＿＿＿＿＿

精神卓越

18.美感＿＿＿＿＿＿＿　　19.感恩＿＿＿＿＿＿＿

20.希望＿＿＿＿＿＿＿　　21.灵性＿＿＿＿＿＿＿

22.宽恕＿＿＿＿＿＿＿　　23.幽默＿＿＿＿＿＿＿

24.热忱＿＿＿＿＿＿＿

我突出的品质为＿＿＿＿＿、＿＿＿＿＿、＿＿＿＿＿、＿＿＿＿＿、＿＿＿＿＿。

温馨提示：

这个结果只是说明你目前的状态，以上的二十四种品质都是可以培养的，随着你慢慢长大，你具有的积极品质特征可能会改变，也可能会越来越多哦。如果有一些词汇不太明白，你可以请教家长和老师。

心灵故事汇

秋天到了，葡萄园里的葡萄架上挂满了葡萄，它们就像一串串绿色、紫色的宝石，在阳光下闪闪发亮，一阵微风吹来，葡萄散发出诱人的香味。望着这一串串葡萄，谁不想摘下来尝尝鲜呢？

这时，一只狐狸走过来。它站在葡萄架下，不禁流下了口水。但是葡萄架太高了，它根本够不着。狐狸想了想，退后几步，铆足了劲儿，使劲一跳，可还是够不着。狐狸摔了个屁股蹲儿，坐在地上安慰自己说："没关系，再试一次，我就不信我吃不到。"狐狸鼓起勇气又跳了几次，结果还是一样。跳了几次，狐狸感觉已经筋疲力尽了。它坐在葡萄架下，望着葡萄，一边咽着口水一边对自己说："这葡萄肯定是酸的，白送我，我也不要！"最后，这只狐狸一脸骄傲地走了。

一会儿，第二只狐狸走了过来。它也非常想尝尝美味的葡萄，可是一看就够不着。它心想："听别人说这葡萄肯定是酸的，一点都不好吃。"它看着旁边的柠檬树，自言自语地说："柠檬也不错。"说着就摘下一个柠檬，美滋滋地吃起来，边走边说："柠檬不错，甜甜的！"

第三只狐狸非常高傲，看不上前两只狐狸。它在心里暗暗下决心，不吃到葡萄决不罢休，于是它开始退后几步，用力跳起来，一次、两次、三次……但是葡萄架真的太高了，最后这只狐狸累倒在葡萄树下。

第四只狐狸看着诱人的葡萄流着口水，它也非常渴望吃到这些葡萄。但是看着其他小伙伴都没有成功，它试都没试就失落起来，自言自语地说："我怎么长得这么矮小，要是像长颈鹿或者大象一样就好了……"想着想着就不由自主地哭起来："我怎么这么倒霉啊，连葡萄都和我作对！生为一只狐狸真是糟糕极了。"

第五只狐狸听说了这里有美味的葡萄，也想来看看。它刚走到葡萄树下，正好一阵大风吹来，从藤上掉下来两颗葡萄，狐狸赶紧拿起葡萄塞进嘴里。"哇！太美味了，真是人间极品，我可太幸运了！"于是这只狐狸每天都来葡萄架下等着，期待这样的好事再次发生。

第六只狐狸来到葡萄架下，看着葡萄却根本够不着，开始破口大骂："该死的葡萄，长得这么高，害得我吃不到！看我不给你点颜色看看，哼！"说着就找来锄头，开始刨起葡萄架来。这时，农夫听到动静，走过来，把它抓走了！

　　这个故事改编自《伊索寓言》中的《狐狸和葡萄》。你觉得故事中的葡萄代表什么呢？对狐狸而言，这些葡萄就是它们特别渴望吃到的美味。对我们而言呢，这些葡萄就代表我们特别渴望实现的梦想。在追求梦想的道路上，每个人都可能会遇到大大小小的困难，梦想就像这个葡萄一样，它们是我们无法一下子够得着的。面对困难，不同的狐狸采取了不同的态度，这些狐狸就像在追求梦想过程中形形色色的人。或者，也像是一个人在追求目标时的不同状态。

　　你喜欢哪只狐狸，不喜欢哪只狐狸呢？

　　很多同学都觉得第三只狐狸太笨，只知道用蛮力不会想办法，第四只狐狸太没自信，第五只狐狸守株待兔的行为令人发笑，第六只狐狸情商太低。好像第一只"酸葡萄"和第二只"甜柠檬"的狐狸比较受人待见，它们的做法甚至有些"机智"。

　　第一只狐狸通过想象葡萄是酸的，让自己内心不那么纠结。第二只狐狸用柠檬代替了一下，虽然不如葡萄，但是总比什么都没有强，这时候的柠檬也显得甜了。看起来"酸葡萄"和"甜柠檬"这两只狐狸还不错，这种自我安慰的办法的确可以让自己的内心不那么难受。

可是，仔细想想又觉得哪里不对劲儿。狐狸原本的愿望是什么？吃葡萄对吧！虽然这两只狐狸通过自我安慰好像心理平衡了，但是它们还是没有吃到葡萄，它们真正的愿望一直还在啊！聪明的你，请想一想，还有没有什么好办法，可以帮助狐狸吃到葡萄，实现它们的愿望呢？

请你继续编一编这个小故事，把它写出来或者画出来。

你帮助狐狸想办法的过程，其实也是你面对困难时想办法的过程。

自我成长屋

　　心理学家经过研究发现，真正的幸福其实来自精神世界的满足，就是在你感到快乐的事情上，加上"意义"！

幸福秘诀一：表达感恩

　　积极心理学之父塞利格曼曾经做过一个小实验：他让参加实验的人给自己感恩的人写一封信，并当面真诚地把信的内容读出来。塞利格曼追踪了他们在实验结束一周内的表现，他发现这让参加实验的人更容易产生积极情绪，并把积极情绪扩散在生活中。

　　你在成长过程中遇到很多幸运的事情，它们即使看起来微不足道，当你发自内心表达感恩时，也能带给你幸福与快乐。

　　现在，我邀请你静静地回顾一下，最近一周发生的一件让你感恩的事，并制作一张感恩卡。

感恩卡

_____：

　　我真的很感谢你，因为 _____

_____

_____，遇见你

是我的幸运，谢谢你！

×××

×年×月×日

幸福秘诀二：帮助他人

有研究表明，在帮助别人的时候，我们可以感受到自己是能够给别人带来帮助和快乐的，这种价值感会让人内心充满幸福。你曾经有过帮助他人的经历吗？那时候你的感受是怎样的？你不妨尝试一下，并把它记下来。

时间	帮助了谁	如何做到的	我的感觉是

幸福秘诀三：实现梦想

你用自己的努力克服了困难，实现了一个个小梦想，这个过程中内心一定充满了力量和幸福！

现在，你可以回忆一下自己成长过程中那些高光时刻吗？你是怎么克服困难实现梦想的？请带着你的思考完成下面的成长树。在树枝上写出你的成就（就是你克服困难实现的目标）和相应的优秀品质。如果你还没有想出太多，也没关系。那我邀请你今后在追梦路上战胜挑战的时候，再把它们补充在这里吧！如果这些树枝还不够，你可以自己添加树枝。

幸福＝快乐＋意义

第六章

调节情绪
我能行

情绪是我们的好朋友，我
们拥有它们，也有责任照顾好它们。
每次的情绪"暴风雨"，可能会让我们失
去理智，甚至会破坏我们与他人的关系，我
们该怎么和这些"情绪精灵"相处呢？情绪
不可能被消灭，而把"情绪精灵"关起来
更是不明智的。首先，接纳情绪是第
一步；接下来，我们要学习调节
自己的情绪。

1 换个角度想一想

每个人都有一把掌管自己情绪的钥匙，但是很多人都把它交给了别人。你是不是经常听到人们说："我妈怎么那么爱唠叨，烦死人了！""都是……惹我生气！""要是考试没考好，我肯定得哭死……""都怪……要不我就不会这么生气了……"

我们的"情绪精灵"好像是不受自己控制的，它们一遇到问题，就自动跑出来，就好像它们身体里都有自动导航一样！这是因为"情绪精灵"反应很快，它们经常很难分清楚是主人发出的指令，还是别人发出的指令。

是谁掌握着情绪王国的钥匙呢？

这一节开头的例子好像能给我们答案，那些"环境""事情"甚至是"别人"似乎掌握着我们自己情绪王国的钥匙。这听起来可真是滑稽又令人绝望！

事实上，你忽略了自己作为"情绪的主人"的作用！把"情绪精灵"根据自动导航所作的反应作为唯一、理所当然的选择，忽略了其他的可能性。

🌀｜能量补给站｜

其实，情绪并不是一种被动的反应，它们可以是你主动选择的结果。在遇到情绪事件时，提醒自己多一些思考和觉察，你才能够掌握自己情绪王国的钥匙！

美国心理学家埃利斯创造了情绪ABC理论。A是发生的事情，C是情绪，通常人们认为发生了什么事情（A），就理所当然产生什么情绪（C）。然而，你有没有发现，即使发生同样的事情，每个人的反应有可能是不同的。比如，同样被老师批评，有的同学觉得很丢人，有的同学觉得无所谓，有的同学甚至心里暗暗高兴……这是为什么呢？

答案就在于情绪ABC理论中的B。

在《游戏力》这本书里，心理学家劳伦斯·科恩博士用了一个很形象的比喻来解释情绪ABC理论。他把情绪C比喻成一团火焰，引起情绪的原因A就是火种，它可能是一个念头或者一件事情。那么火焰会越烧越旺还是会越来越小，其实取决于你在火种中加入了汽油还是水，也就是人们的想法B。

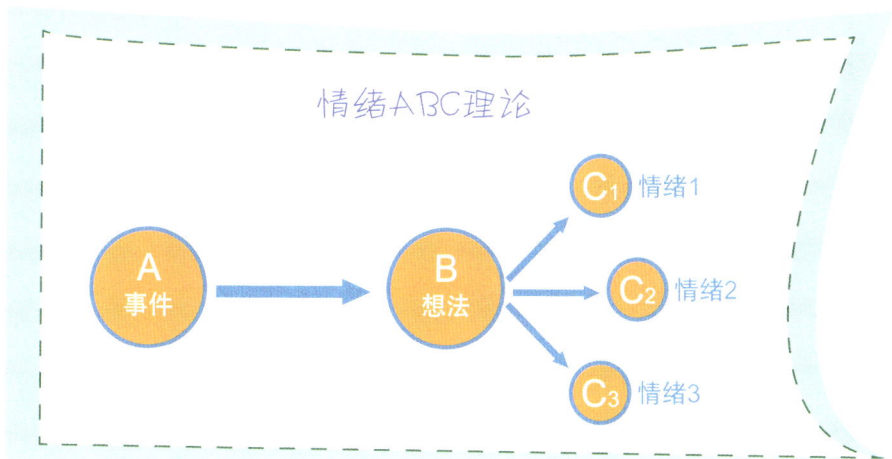

情绪ABC理论

A 事件 $\rightarrow$ B 想法 $\rightarrow$ C_1 情绪1

C_2 情绪2

C_3 情绪3

比如，有人踩你一脚，你认为他是故意的，那你就会特别生气。你被别人踩这件事就是火种A，最后很生气当然就是燃起的火焰C。那么，中间"他是故意的"这个想法B就相当于汽油，它让火焰烧得更旺。而如果你认为他是不小心踩到你的，那这个想法就像水一样，会把你的情绪火种变小，甚至扑灭。

表面上看，发生的事情引起了我们的情绪；事实上，让我们的情绪火焰熊熊燃烧的其实是我们内心的想法。老师批评你，你如果觉得是老师故意刁难你，肯定很生气；你如果觉得这件事确实是自己做得不好，老师是为你好，也许会心存感恩。

你发现了吗？我们如果改变想法，就可以改变自己的情绪。

当你可以积极地看待问题的时候，情绪火焰就会渐渐变小了！

时光穿梭机

莫里·法瑞德是一位非常有名的私人医师，他每天工作都特别忙碌，以致到了关键时刻常常发现自己缺这缺那。

有一次，法瑞德正忙得焦头烂额，一名叫作卡西·杜德利的病人走了进来。从身材上看，杜德利显然是一个"惹不起"的狠角色：他又高又壮，而且听说还经常被职业拳击手请去做陪练。

刚一进门，杜德利就敲着医生的桌子大声喊道："该死的，快点给我拿一瓶安眠药！"不巧的是，法瑞德发现安眠药已经全部卖光了。他稍稍动了一下脑筋，最后拿了一瓶没有标签的维生素片递给了杜德利："做个好梦，先生！"

这原本是一个非常糟糕的行为，但没有想到的是，凭借这瓶维生素，杜德利睡了一个好觉，效果就跟吃了真的安眠药一样！

原来，良好的心理暗示能够带给人意想不到的效果。对于杜德利来说，他拿到的并不是什么安眠药，但到最后他能够安安稳稳地睡下来，而且睡得很好，这和他的主观意识有着密不可分的联系。在他看来，大夫是可靠的，那么自己在服用大夫给的"安眠药"之后也一定能够得到一个良好的睡眠。因此，在这样的心理暗示之下，杜德利不断地提醒自己，最后真的达到了深度睡眠的效果。

|心理实验室|

1968年的一天，美国心理学家罗森塔尔和助手们来到一所小学进行调研。他们从一至六年级各选了三个班级，对这十八个班级的学生做了"未来发展趋势测验"。之后，罗森塔尔将一份名单交给校长和相关教师，并以赞许的口吻告诉他们："经过科学测定，名单上的学生都是智商超群的。"并叮嘱他们要保密，以免影响实验效果。

其实，罗森塔尔名单上的学生是他随便挑选出来的，他撒了一个"权威性谎言"。

经过科学测定，名单上的学生都是智商超群的。

八个月后，罗森塔尔和他的研究团队再次对这十八个班级进行复试，结果奇迹出现了：凡是名单上的学生，每个人的学习成绩都出现了非常大的进步，而且性格变得更加开朗、自信，更乐于与人交往。再后来，这些人都在不同的工作岗位上作出了非凡的成就。

这是怎么回事呢？

原来，这个谎言对老师们产生了暗示，老师们透过自己的语言、情绪、行为等，把自己的积极期望、赞美传递给这些学生，使学生变得更加自信、自强，从而在各方面取得了惊人的进步。

这就是著名的"罗森塔尔效应"，也被称为"皮格马利翁效应"。

心理学家马尔兹说：我们的神经系统是很'蠢'的，你用肉眼看到一件喜悦的事，它会作出喜悦的反应；看到忧愁的事情，它会作出忧愁的反应。这就是说，当你关注快乐的事情时，你的神经系统就会让你处于一种快乐的状态；当你给自己一些积极的心理暗示，比如，"我心情很好""我每天都在进步""我一定能做到"等，这样的信号进入大脑，你就能朝着自己期望的方向发展。

每一件事情都有多面性，当你选择积极的角度来看待周围发生的事情、以欣赏的眼光来看待自己时，生活就会向更美好的方向发展！

自我成长屋

下面给出了一个小例子，帮助你体会不同想法下的情绪结果。请你用自己身边发生的一件事练习一下，看看怎样通过想法调节自己的情绪！

小例子

事件A	情绪C	当时的想法B
例如： 好朋友出去 玩没叫我。	伤心	他肯定是忘了我。
	平静	他也许是时间紧张，没来得及。
	期待	他也许是想给我一个惊喜。

练习

今天发生的 一件事	会导致的 情绪是	我的想法

122

2 穿越情绪暴风雨

　　心理学家帮助我们总结出了一些可以帮助调节情绪的方法。这些方法非常简单易行。掌握了这些方法，我们不仅可以帮助自己更好地调节情绪，也可以帮助身边的小伙伴哦！

深呼吸

在感到紧张、害怕的时候，深呼吸几口气让大脑放松下来，可以让我们的身体感到安全。你可以数数，像闻花香一样，深深地吸气；想象你的肚子是一个气球，吸气的时候，这个气球慢慢地鼓起来，坚持两秒钟。然后，可以像吹生日蜡烛一样，慢慢地把气呼出来。

蝴蝶拍

双手交叉抱着自己的手臂，就好像被人拥抱一样，这样的方式能够让我们的身体感觉安全。双手交叉替换轻拍自己的双臂，拍打的速度比心跳稍微快一点。一边拍打，一边对自己说："没关系，一切都会好起来的！"

合理宣泄法

找个安全的环境大哭一场，或者大声说出心里的感受，让"情绪精灵"尽情释放一下。当尽情表达出来之后，你会觉得内心比较轻松，其实也没什么大不了的。在不影响、不伤害别人的前提下，合理宣泄一下自己的情绪，对身体健康也是有益的。

肌肉放松法

握紧拳头直到不能再紧，然后慢慢放松，体会手臂放松的感觉；头向后仰，直到不能再仰为止，坚持几秒钟，再慢慢放松，体会脖子放松的感觉。你可以用这个方法放松全身。

正念

    正念就是把你的注意力集中到你正在做的事情上。比如，你马上就要上台进行演讲了，感到心跳加快、呼吸急促，很紧张。这个时候，你可以做几个深呼吸，感受一下自己的呼吸；还可以观察一下，你在哪里，周围都有什么人、什么物品，你正在做什么等。这样可以帮助你从紧张的情绪里解脱出来。这个方法也可以用在考场上，当你紧张的时候，不用告诉自己别紧张，因为这个是没用的。你可以试着把注意力集中在你眼前的桌面上，看看笔袋的颜色、质地，看看桌面的颜色，摸摸桌面感受桌面的温度等，当你这样做的时候，紧张的情绪会慢慢缓解。

    当然，每时每刻都可以进行正念练习。比如，你正在吃葡萄干，你可以用眼睛仔细地去看看葡萄干的颜色，用鼻子闻闻味道，用手捏一捏软硬，用嘴巴尝尝味道。这就可以把你带回到正在做的事情上。

    现在你可以花一分钟的时间练习一下。首先，把你的注意力放在呼吸上，感受你的呼吸。缓缓地、深深地吸气，再慢慢地、长长地吐气。保持呼吸，把双手放在你的小肚子上，随着呼吸一起一落。感受一下你现在在哪里，你的皮肤感受到的温度是怎样的。环顾四周，告诉自己，我很好，一切都很好！

时光穿梭机

　　上小学后，每当看到幼儿园的小朋友时，我的情绪都有点小复杂。当看到他们用哭闹或摔打东西的方式表达自己的需要时，我觉得他们好幼稚，甚至会暗暗发出笑声。我知道自己在笑小朋友，也在笑曾有过这样经历的自己，毕竟自己长大了，不那么使小性子了。但有时很羡慕小朋友无拘无束地流露自己的情绪，难过了、委屈了，痛痛快快地想哭就哭，哭够了，就又高高兴兴地玩去了。我就是这样矛盾，你有过我的感受吗？

　　上学了，人们说我长大了；妈妈说，不能再像小时候那样动不动就哭鼻子了；爸爸说，长大了就要学习坚强地面对困难；老师说，要学会自我调节。可是不快乐的事情还是常常发生，小烦恼不时来找我。

　　后来，我和妈妈发现了一个秘密。

　　我喜欢音乐，小时候第一次听郎朗弹钢琴，觉得那些旋律真是太好听了。我最喜欢《蓝精灵》《童年的回忆》和《西西里舞曲》。高兴的时候，我会一边弹一边哼唱；不开心的时候，我就把琴键敲得当当响，好像在说"我不高兴了！"不过，每次敲完，我就觉得这样敲，钢琴也会不开心吧，然后就会静静地弹一首曲子。弹完之后，我的不开心好像就溜走了。

　　可是后来为了考级，妈妈总是让我弹钢琴，我就不那么开心了。

127

2020年11月19日

今天晚上妈妈让我弹钢琴，不知道为什么，我一点也不想弹，于是开始磨磨蹭蹭。妈妈生气了，我也不知道她今天为什么这么生气。我不情愿地坐在钢琴前，狠狠地敲了几下琴键，妈妈听到后从背后戳了一下我的头，好疼啊，我大哭起来。可是我发现，妈妈并没有在乎我哭了。

我给妈妈画了张画，给妈妈画了恶魔的犄角，她还拿了狼牙棒。妈妈戳我头的时候，我觉得真可怕。妈妈看到我的画，觉得很惊讶，问我为什么把她画成这样，然后妈妈抱着我说了会儿话，我觉得心情好多了。

2020年12月7日

今天傍晚我在家上数学网课，我都学会了。快下课的时候，我玩了一下尺子，妈妈就打了我的胳膊，真疼啊，我哭了。我画了一幅画，我好想有一个这样的高低床啊，我可以钻到舒服的被窝里，躺在软软的枕头上，什么也不想，美美地睡上一觉！

2021年1月13日

今天语文期末大闯关结束了，我的心情好忐忑啊，还有点着急，我能不能考100分呢？我觉得所有的题都做对了，但是平常就有点马虎，万一要是哪道题错了呢，那就遗憾了。

妈妈跟一位朋友说："不经意间，我的孩子已经悄悄长大，她愿意用画笔表达自己的心情，平复自己的不安与不满。作为家长，我也愿意通过她的画作与她沟通，理解她的快乐、悲伤、迷茫、自豪，走进她的小小世界。希望她能一直与画笔做伴，从艺术中获得力量。"

这个秘密就是，当我心情不好的时候，音乐和画画可以帮助我调整情绪，还能帮助我和妈妈沟通呢。

3 积极健康行动派

上一节介绍给你的情绪调节法你试过了吗？感觉怎么样？

如果你觉得好用，那恭喜你已经有很大进步了！如果你觉得当有事情发生的时候，自己的"情绪精灵"还是来得很快，很容易让情绪燃烧起来，不必灰心，这也是很正常的。因为"情绪精灵"就是比大脑的想法反应更快，我们对情绪的调节需要长期练习才有效。如果你事后能反思一下自己当时的想法，这个反思也很有用！

这一小节会再给你一些情绪日常建设的小妙招，这些方法能让我们的"情绪精灵"感到安全，这样它们才会更合理地为我们服务，快来一起看看吧！

能量补给站

心理学家在实验中证明，当人们做出与某种情绪相关的身体姿势时，会增强对这种情绪的体验。在一次实验中，心理学家组织了一批志愿者学习一组舞蹈动作，课程持续一到一个半小时。等他们熟悉了这一串动作以后，正式进行实验。心理学家让参与实验的志愿者们随机做出图中的三个动作——低头耸肩、跳跃、防御的身体姿势，同时测量他们的情绪体验。结果发现，做低头耸肩姿势的人（左图）会体验到悲伤，跳跃的人（中间）会体验到快乐，做防御姿势的人（右图）会体验到恐惧。

你从这个实验中能得到什么启示？

没错，日常生活中，有意地多做快乐的身体姿势（抬头挺胸、跳跃），能够让自己快乐、自信起来。

|心理实验室|

　　1980年，社会心理学家威尔斯和佩蒂(1980)报告了一个这样的实验：作为课程学习的一个部分，威尔斯和佩蒂要求学生参加一个测试耳机舒适度的测验。他们告诉学生，这种耳机已经在走路、跳舞、听课等各种条件下进行了测试，现在需要测试者使用耳机时摇头（平行移动头部）和点头（垂直移动头部）来测试这两种条件下耳机的质量。

　　随后，他们把73名学生随机分成3组，分别为摇头组、点头组和对照组。

　　在测试中，三组测试者首先听到一段音乐，然后听到广告商对这款耳机的推荐。最后需要完成一份简单的问卷。问卷第一部分是对耳机打分，第二部分回答是否同意广告商的观点。

　　点头组边听音乐边点头，摇头组边听音乐边摇头，对照组不用移动头部，只需要听音乐和打分就行。

　　统计结果表明，点头组无论是给耳机打分，还是赞同广告商的观点，分值都远远高于其他两组。而摇头组在两个项目的分值上，远远低于其他两组。

　　这个实验说明，点头的身体运动增强了积极的态度，而摇头的身体运动强化了消极的态度。

美国心理学家詹姆斯和丹麦生理学家兰格，分别于1884年和1885年提出了一种内容相同的情绪理论。他们认为情绪是身体状态的感觉，行为可以诱发情绪。比如，一个人如果一直保持微笑，那么他的心情也会变得愉悦起来；这个人如果身体在发抖，就会逐渐产生恐惧的情绪。这也是前面的实验所体现的观点。

|自我成长屋|

　　生活中有很多事情能够帮助我们建立和保持好的情绪状态，比如运动、绘画、聊天、听音乐等。我们做这些事情，可以帮助自己缓解负面情绪。

运动

　　当人们在运动的时候，身体里会分泌一些快乐因子，它们就像营养丰富的食物。情绪王国的消极"情绪精灵"们吃了这些"食物"就会安心了，而积极"情绪精灵"就会更加兴奋。

绘画和做手工

　　画幅画，写写日记，或者做做手工，把消极情绪呈现出来。这些方法一方面可以转移注意力，让你自己不被困在消极情绪里；另一方面，当你在做这些事的时候，那些消极的"情绪精灵"觉得完成了使命，就会休息了。

聊天倾诉

我相信很多和你一样的同学，在心情不好的时候都喜欢找人聊天。哪怕是找个好朋友陪着你哭一会儿也是不错的，因为眼泪可以把身体里的很多毒素排出去。如果你暂时找不到合适的倾诉对象，可以找一个自己喜欢的小玩偶或者身边的小玩意，对着它们说说心里话，也能感觉不错呢！

听音乐

舒缓的音乐可以改变身体节奏（比如心率），减轻压力，让身体处于放松状态，而我们的身体越放松时，情绪也会越稳定。愉快的音乐能让我们的大脑释放出一些快乐元素（比如多巴胺、血清素等），进而改变我们的情绪状态。

经常笑一笑

你是喜欢和经常微笑的人待在一起，还是喜欢和愁眉苦脸的人在一起呢？相信你一定会选前者。那也请你做一个经常微笑的人吧！我们经常保持快乐的表情、做出快乐的身体动作，能够增加自己的快乐体验！在微笑、做出快乐的姿势时，你的大脑就接收到了一些暗示，就会通知你的"快乐精灵"工作，你真的能感觉更快乐。因此，经常微笑的人运气不会太差，让微笑经常出现在自己脸上吧！

推荐给你《你笑起来真好看》这首歌，希望你可以经常听一听，和家人一起唱一唱：你笑起来真好看，像春天的花一样……

　　到了这里，恭喜你已经完成了整本书的阅读。相信你也和晓峰一起经历了一场奇妙的情绪之旅。你还记得自己最初为何打开这本书吗？是源于对情绪知识的好奇，还是对自己情绪的困惑？是想对别人的情绪有更多的了解，从而更好地与人相处，还是……你最初的期待是否得到了满足？你是否获得了意想不到的收获？你是否对情绪的领域有了更多的好奇和困惑？

　　我想，这本小书是一个新的开始。它帮助你学习情绪的知识，了解自己和他人的情绪状态，练习调节情绪的方法，从而让你在面对情绪的"暴风雨"时，内心有定力，手中有方法。

"
内心有定力
手中有方法
"

亲爱的小读者，感谢你用时间、精力和宝贵的体验来阅读这本小书。情绪管理的方法没有最棒的，只有最适合自己的。情绪管理的能力也不是一蹴而就的，需要不断练习。希望这本小书能帮助你挖掘自身的积极情绪；在你遇到消极情绪时，能够陪伴你、支持你！祝愿你在未来的成长过程中，能和自己的"情绪精灵"们和谐相处，共同培育属于自己的情绪之花！